森之居的秘密
——如何拥有自然风的家

张毅　严丽娜　编著

化学工业出版社

·北京·

U0199702

本书首先介绍自然风家居设计的构成要素，之后展示与分析了不同居室空间的设计效果（自然风），还例举了与主题相关的一些DIY技巧。全书的重点是将自然风家居的设计方法以及空间效果介绍给读者。

本书主要文字简明扼要，有较多的图片与图注，既可以作为专业设计师的设计方法学习与案例参考书籍，也可以作为设计爱好者以及那些向往自然风家居读者的知识拓展读物。

图书在版编目(CIP)数据

森之居的秘密：如何拥有自然风的家/张毅，严丽娜编著.—北京：化学工业出版社，2018.2
ISBN 978-7-122-31210-5
I.①森··· II.①张···②严··· III.①住宅-室内装饰设计 IV.①TU241
中国图书版本馆CPI数据核字（2017）第313208号

责任编辑：徐娟　　　　　　　　　　　　封面设计：严丽娜
责任校对：边涛　　　　　　　　　　　　装帧设计：张毅　严丽娜

出版发行：化学工业出版社(北京市东城区青年湖南街13号　邮政编码100011)
印　　装：中煤（北京）印务有限公司
710mm×1000mm　1/12　印张 15　字数 300千字　2018年3月北京第1版第1次印刷

购书咨询：010-64518888（传真：010-64519686）　售后服务：010-64518899
网　　址：http://www.cip.com.cn
凡购买本书，如有缺损质量问题，本社销售中心负责调换。

定　　价：68.00元　　　　　　　　　　　　　　版权所有　违者必究

前 言

非常高兴收到化学工业出版社关于该题材的写作委托，本人非常关注自然系设计风格，并且还时常将其运用于实际的建筑与室内设计项目中。

当下，我国家居设计风格众多，如常听到的新古典、中式、欧式、美式风格等，但这些可作为销售卖点的风格都被加以夸大，久而久之人们便觉得这些才是家应有的样子，随之带来的则是审美的疲劳与偏差。而如今，随着绿色设计深入人心，我们应开始对这种现代的奢华进行反思，卸下这种刻意的装饰，回归至一种自然的本质，让家真正能够成为一个返璞归真的地方。用自然的方法打造我们的居室空间，从自然中获得灵感，从自然中感悟生活的本质，这也是本书想传递给读者的。

经由序章，本书从第 2 章开始，向读者介绍不同自然风家居的设计方法，其实设计是开放的，希望读者能通过本书，举一反三，探索与发现更新颖的设计方法。第 3 章介绍自然风设计手法在居室空间中的效果。第 4 章是与主题相关的 DIY 章节。家是一个需要长久经营以及自我参与的场所，亲自手作所装饰的空间将会拥有一份特殊的人情味。第 5 章将全书的理念浓缩成了 17 个关键词，以此作为一份礼物送给读者。

特别需要指出的是，本书在部分章节后设置了时下流行的二维码，读者通过扫码可获得更多的文字、图片以及书中无法表达的视频资料。通过该方法，整本书的阅读方式与内容也会更加丰富多彩。

最后，我要由衷感谢朱淳导师对于本书的大力支持，另一位作者严丽娜的鼎力合作，我的好同事张祐宁（一名留美景观设计师）提供的一些有趣的建议，我的英语口语老师蒋智天（Sophie）、好友陆佳璐为本书的英文书名的献策。还有我的父亲张康明，他是一位老师、一位记者还是一名作家，以及我的母亲忻玲珍，他们是本书的第一批读者，还有彭彧、黄雪君、闻晓菁、朱俊、王乃霞、郭强、王一先、李娜娜、李佳、李琪、虞思成、王纯、陆玮、张琪等同仁和朋友的帮助。

张 毅

2017 年 10 月于上海

目 录
CONTENTS

第 1 章
森之家的"秘密花园"

1. 我们来自森林

大自然充满了色彩，她拥有绿意盎然的森林，

还有那银装素裹的白雪；

大自然充满了质朴，她的一切都是那么的真实，

没有多余的装饰；

大自然充满了安全感，她一点都不浮夸，

窝在树洞里让儿童备感安全

……

都说喜欢大自然的人很懂得生活，而且还很厉害，

因为他们喜欢从自然中获得能量，

把手伸进河里，让水流过每一寸肌肤，

或把手依在树上，体会着大自然的触感。

大自然就像家一样，眷顾着我们每一个人，

我们热爱自然，因为我们来自森林。

图 1-1
　　利用自然元素打造的自然盆栽，为家带来绿色的点缀

2. 回归绿色，回归自然

　　家是盛放心灵的港湾，家中的绿色总有神奇的魔力，能抚慰来自繁忙生活的倦意。自然清新的绿植，森系柔和的色调，善于利用自然元素打造出属于家的那份惬意，让家的每一寸角落都充满来自森林的自然礼遇。

　　家是一个能让人返璞归真的地方，过多的繁复元素堆积反而使人产生审美的厌倦感。我们应当对现代奢华设计有所反思，从自然中感悟生活的本质。卸下原本浮夸繁复的装饰，回归自然本源的家才是最靠近心灵的场所。阳光洒进房间，桌上新萌的嫩芽沐浴在阳光之中，让家迸发出新的绿色生机（图 1-2）。

图 1-2
　　新生的绿叶给家带来了新的生命活力

3. 关于本书

自然总会教会我们许多生活之道，我们可以从自然界中学习利用自然元素，将自然带到居室空间中。"森之居"是一个包含自然主题的家居设计风格（也即森系主题或风格），其构成要素不仅仅包括植物，还有色调、材质、图案、陈设以及任何构成有关的要素。本书的主要内容通过自然主题的家居空间图片欣赏，配以文字的点评与归纳来介绍如何将普通的空间打造成充满自然风格的家居环境，其中包括设计方法的分类介绍、不同家居空间的欣赏以及 DIY 等内容。希望读者能通过本书了解自然风格的设计方法，将本书的自然设计应用之道延用到日常的家居风格中（图 1-3）。

图 1-3

善于发现自然之美，在家的各个角落展现自然风格魅力

第 2 章
怡然自得的森景之道

自然界无时不刻在与我们进行对话，也许是清晨一抹柔和的色彩；也许是树下一片青翠的苔藓；也许是林中一道迷离的阳光。自然而然，自然而道，这一切的自然语言就好似无尽的设计灵感，这一切的自然之道就让我们一起来揭开谜底。

1. 浓妆淡抹的秘密——色彩与材质

🍃 色彩基调

当闭起眼睛，你对自然的第一印象是什么？是湖泊亮绿的水面？是林间温暖的原木？是山顶晶莹的白雪？还是流过山头银色的雾气呢？都没错。大自然在用多变的色彩展示她的生命力，而她的每一片景致就犹如一件色调优秀的摄影作品，值得我们细细品味（图2-1~图2-27）。

图2-1、图2-2
自然中提取的绿灰色调高雅且宁静，是森系之家的代表之一

图 2-3
　　绿灰色的墙面，配以绿色的家具，再搭配绿色系的装饰，绿色的基调就形成了。画面中不同的绿色有着明度变化，对比度十分强烈

图2-4

　　非常明快的绿灰色调，大部分颜色的纯度都是柔柔的，一点也不强烈，给人一种宁静，如少女般的感觉

图 2-5~图 2-7

　　不仅仅是硬件，绿色还可以"蔓延"到家中的各个地方，如陈设或布艺面料等，以及任何你觉得有趣的地方。这样，一个完整的森系世界诞生了，这就是色彩的魅力

图 2-8~ 图 2-10
  非常敞亮的白色调（高调）。
它就好像是一张白纸，抹在上面的
任何色彩，都会显得无比纯净

图 2-11（左图）

　　画面中除了植物，其他颜色几乎为纯净的白色，这样的色调最能体现植物的生机。画面中植物的还起到了围合空间的作用

图 2-12（右图）

　　植物、栽培容器配合白色墙面形成了一幅如同油画般的场景

图 2-13～图 2-15
　　白色背景的衬托下的餐厅一角以及悬挂着的两组小装饰品

图 2-16
　　起居室一角，为衬托主人特意搜集来的原木茶几和手作边几，墙面、家具以及陈设多选择了白色

图 2-17
　　暖色调的餐厅一角。温馨的
颜色使人联想到森林以及原木，为
了契合基调，金属器皿选择了铜色

图 2-18（左图）

原木是体现暖色调最理想的材质之一。在反射影响下，周围的环境也会罩上一层浅浅的暖色

图 2-19（右图）

用暖色容器栽种的蕨类以及兰花等植物，台面为原木。为强调整体颜色关系，"鹅蛋"是用原木加工出来的。既是一组自然的小场景，也遵循色彩搭配原则

图 2-20~ 图 2-22

　　不同暖色材质以及陈设所搭配出的场景。暖色物体的色相略有不同，但通过控制纯度达到了和谐

图 2-23

暖色调的餐厅一角。温馨的色彩以及原木使人联想到森林，用餐过程就好像围着野餐台一样

图 2-24~ 图 2-26

与白色异曲同工，灰色背景
同样能衬托自然元素的色彩，但灰
色调更能体现出沉稳与优雅。画面
中的原木地板经由灰色的衬托，成
为了空间的焦点，为冷淡的空间带
来了生气

图 2-27

　　繁忙的都市生活，使我们厌倦了灯红酒绿，而转向淡泊与稳重的环境。而当自然主题与灰调相碰撞，又使得这种冷静与优雅，多了一分自然的温馨与俏皮

拓展阅读（1）

——当灰色遇上自然

🍃 材质与肌理

　　我们热爱自然，不仅仅热爱她的颜色，也热爱她的触感。我们厌倦了冰冷的金属，厌倦了大块奢华的石材，而相较之，原木则亲切得多，它使我们回想起幼年时在老房子边，坐在藤椅上看萤火虫的场景；也回想起在小溪边，赤脚捡鹅卵石的画面。自然的材质与肌理，这也许是我们热爱自然的又一个理由吧（图2-28~图2-68）。

图2-28、图2-29

　　森系的重要主角之一——原木，这是我们最熟悉不过的自然材料。它带给我们一种与生俱来的亲切，因为我们都来自于自然。画面中的墙面和家具都由纹理非常清晰的原木制作而成

图 2-30、图 2-31

　　起居室以及餐厅一角。地板
以及置物容器的原木肌理都得到
了很好的保留，未上油漆的做法非
常原生态

图 2-32~ 图 2-35

　　原木就如同居住在家中的一位顽皮精灵，它可以在这里出现，也可以在那里出现；可以以这种形式出现，也可以以那种形式出现

图 2-36

　　基于灰色调，配合原木家具
与地板的卧室。家具虽然是用现
代化工艺制作的，但仍然保留了
原始纹理与质感

图 2-37~ 图 2-39
　　藤制品、竹编制品（以及其他自然材料的编织品）保留了原木的温馨，但又多了一分独有的轻盈，还有一分手作的温情，它就如同自然所给予的礼物一样

图 2-40（上图）

藤制的包包本身就是一件富有自然气息的装饰品，谁说它就只能用来逛街呢

图 2-41（左图）

窗边一角。坐上藤椅，来一次与自然的亲密接触，摇摆的瞬间就好似坐上了公园的秋千

图 2-42

　　选用竹编灯具装饰的餐厅一角。你能想象出灯光开启那一刹那的效果与惊喜吗

图 2-43

　　竹编制品搭配原木以及绿灰色调的起居室。为迎合主题，抱枕突发奇想地选用藤编图案。编织的茶几散发着强烈的手作味，就好像一件艺术品。混色的藤制花盆与墙上的五星藤盘形成了图案的呼应

图 2-44
　　即使是白静的面砖，只要抓住自然的要素，如小块面的比例、自然质感的肌理、适中的饱和度等，也能实现独特的转型

图 2-45~ 图 2-47

　　表面亚光的马赛克，就好像水边的小石子。树叶纹理的面砖会带给你森林的感觉

图 2-48~ 图 2-50

若觉得纯色面砖太单调，自然图案的花砖也是个不错的选择。花砖表面的样式很丰富，选择起来余地很大

图 2-51

由花砖（树叶、花朵图案）所装饰的浴室空间。花砖墙成为空间焦点，散发着浓浓的装饰美

图 2-52

软木无毒无味、手感柔软、
体感温和，至今仍没有人造产品能
与其媲美。它是森之居理想且环保
的材料之一

图 2-53~ 图 2-56

　　软木的可塑性优良，具有非常好的弹性与耐磨等特性。但和其他材料相比，它在家中用得还不多，还在静静地等待着我们发掘

图 2-57~ 图 2-59
　　由不同类型自然石所创造的空间。粗犷的质感带来一种野性的美，交错的组合又能产生特殊的序列感

图 2-60

用纹化石作为空间前景的阁楼餐厅。粗犷的质感和精致的用餐环境形成了强烈对比，好似穿过山洞，来到了一处新世界一样

图 2-61
　　时常在在公园中看到，那些用旧了的公共家具反而显得与自然其乐融融，这是一种时间的魅力，也是森之居可以进行的一种尝试——表面做旧处理

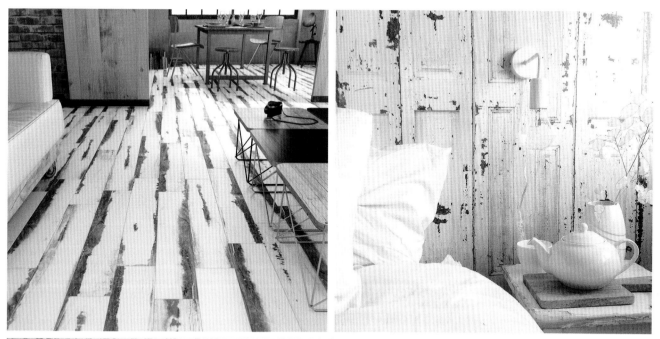

图 2-62~ 图 2-64

经做旧处理的家具，会露出内部的原木，就如同与自然经过了长久的接触。而那些通过旧物利用的木材已重获新生，它们好似诉说着一个自然演变的故事

图 2-65

　　书房中一面特制的墙。通过墙面刷毛的工艺产生了肌理，体现了一种自然演化的美，也使得墙面不这么单调了

图 2-66~ 图 2-68

与做旧表面异曲同工，暴露式做法或表面预留肌理，也体现了时间的韵味，有一种自然演化的印记美

拓展阅读（2）
——素水泥的魅力

2. 长成你喜爱的模样——形式与符号

🍂 天然形式

在自然界中，物体有着天然的形式，就好比没有两片完全一样的叶子一样。而工业化的生产则打破了这种规律，这不免丧失了一种自然的趣味，工业的污染也破坏了环境。而如今人们发现，天然的形式更能打动人心，手作之美也得到了激活，这也许是一种本质的激发，也许是一种东方美的哲学（图2-69~图2-79）。

图2-69

　用原木制作的床板。原木上夸张的裂纹被保留了下来，缺失的角以及颜色也并没有进行处理

图 2-70~ 图 2-72

　　由树干或者树桩做成的家具，虽然局部进行了切割，但大部分天然的造型得到了保留

拓展阅读（3）

——自然之形

图 2-73
　　如今人们发现，即使是机械
加工的产品，也能保留自然的神
韵，就如同画面中的家具一样，摒
弃了常见的那种打磨平整的表面

图 2-74（上图）

通过树脂配合熔岩石制作的台面，外形打磨得非常光挺，但透过树脂，可以看到熔岩石内部清晰的构造

图 2-75（下图）

用树枝拼接而成的艺术品，虽然有着规则的外轮廓，但内部仍然是自然形

图 2-76~ 图 2-78

　　天然形式的另一种美，是一种
手作美，是一种原生态的美，也是
一种不对称的美

图 2-79

　　手作的装饰品，虽然不如机械加工那么光挺，但却别有一番风味。如果是亲手 DIY 的作品，则更能体现一种参与生活的态度

自然符号

如何使家中能轻松的产生浓郁的自然气息，自然符号是个不错的选择。一切你所能想到的，如植物、动物都能加入这个队伍。作为自然符号的载体，壁纸是个不错的选择。写实的图形能反映生动的场景，而绘画的、平面化的图形则能体现出与众不同的艺术与设计气息（图2-80~图2-90）。

图2-80、图2-81
写实类壁纸就好似把自然场景搬入了家中。这一类壁纸通常可以定制，图案完全可以自定义

图 2-82

　　自然系壁纸配上真实的植物，你能区分两者吗？还是已经陶醉在自然的怀抱中了呢

图 2-83
　　绘画感的图案将体现出浓郁的艺术气息，如果你是一个绘画达人或艺术家，为何不尝试一次有关自然主题的创作呢

图 2-84~图 2-86

　　粗犷与细致的笔触，黑白与艳丽的色彩，将不同的自然元素表达得个性十足。其实图案的主题不一定是植物，动物或与之相关的素材皆可

图 2-87

　　配有平面图案的卧室一角。如果说绘画图案表达的是艺术性，那么平面化的图案则体现了设计感，就犹如时下流行的扁平化设计，更受到年轻一代的青睐

图 2-88~ 图 2-90
　　遵循平面构成规则的各种自然图案，对于追求现代风格的人们，这是一种理想的表现方式

3. 和煦春光的柔美——布艺与陈设

布艺用品

　　布艺用品的面料有着轻柔的表面，接触中就好似收获了自然的轻抚。抱枕是居室中重要的布艺用品之一，富有植物图案的抱枕是森系主题空间靓丽的色彩来源，它能使你与自然来一次亲密的拥抱。而棉麻质品，由于具有相对粗糙的表面，则能带来一种原生态的呼唤，一种自然的触觉（图2-91~图2-97）。

图2-91、图2-92
　　自然图案不仅可以用在墙面上，布艺用品，包括软垫、抱枕、窗帘、被套等也是其常见的载体

图 2-93

以抱枕为主题的起居室。素色
的环境用来反衬抱枕的图案，鲜活
的植物与抱枕产生了色彩呼应

图 2-94

　　配以草图案床套与枕套的卧室一角。这是一种非常有趣的面料

图 2-95~ 图 2-97

相较高贵与光滑的绸缎，棉麻制品更显亲和，它独特的触感与众不同，它的色彩就好像清晨的迷雾一样温和柔美

拓展阅读（4）
——原始的触感

❧ 陈设艺术

　　艺术来源于自然，来源于生活。用自然之道艺术化空间是森之居再贴切不过的方式了。树叶标本画的天然度，是手工绘画很难达到的；玻璃容器配上植物可谓一种经典搭配；形态各异的花盆，承载着我们对自然的向往。而手作艺术，则散发着原始美，既然想接触自然，多保留些原生态的痕迹又有何不可呢（图2-98~图2-108）？

图 2-98、图 2-99
　　用写实植物画或植物标本画装饰的空间。紧凑的布置方式，形成了强烈的视觉冲击

图 2-100
　　书房一角。大幅的树叶画成为了空间的视觉焦点

图 2-101~ 图 2-103

说到森之居，自然少不了植物，也少不了植物的黄金搭档——各类花盆。与玻璃器皿一样，花盆的艺术性与植物自然形相配合，可为空间增上浓墨重彩的一笔

图 2-104
　　花盆的选择方式之一是与空间的色调相呼应。花盆的造型虽然可以富含艺术性，但也不能过于夸张，毕竟植物才是主角

图 2-105
　　玻璃器皿配上植物的卧室一角。器皿的艺术性和植物的天然性可谓是一种经典的搭配

图 2-106~ 图 2-108

　　形形色色的玻璃器皿与不同的植物搭配效果。玻璃器皿搭配水培植物可以观察到植物的根系，而搭配干花则能体现构成的美感

拓展阅读（5）

——装饰自然

4. 流光溢彩的魅力——灯具与光影

灯具

　　透过阳光，斑驳的树荫下时常发生浪漫的事，光给自然带来了生命，也带来了愉悦。自然形式的灯具本身就是一件作品，它为淳朴的空间带来了艺术，独特的造型也为空间带来了一分愉悦（图2-109~图2-117）。

图2-109~ 图2-111
　　谈到灯具往往会令人联想到现代感，但运用木质材料制作的灯具则能体现出自然的温情

图 2-112、图 2-113

原木用材以及自然造型的灯具。浅色灯罩上的图案源于花鸟场景，而绿色条状的灯罩则是用树脂和颜料制作而成的

拓展阅读（6）
——原木灯具

图 2-114~ 图 2-116
　　当光源开启时，朦胧的灯光产
生了柔柔的影子

图 2-117
　　由软木和磨砂玻璃罩制作的灯
具。大大小小的灯就好像魔幻森林
中会发光的蘑菇一样

光影

当光源开启后，独特的光斑则犹如一层天然的覆盖物，罩满"大地"，即使再平淡的空间也能得到意想不到的转型（图 2-118~ 图 2-122）。

图 2-118

配有木质灯的几案一角。细细长长的阴影就好像透过森林的阳光，落在了房中的每个角落

图 2-119~ 图 2-122

　　透过灯罩上的孔洞，光还能表现出犹如林荫下斑驳的光影效果，即使再平淡的表面，也能展现多彩的自然一面

5. "拈花惹草"的专属宝地——创意"花园"

作为森之居的重要成员，植物自然不为我们陌生，但在森之居的植物世界中，还存在着一个秘密花园，一群奇异的生灵正在那里迎接着你的到来。

🍂 铺满大地的地毯——苔藓艺术

在中国传统园林中，无苔不成园，即使再平凡的表面，只要披上苔藓的外衣，也能获得自然的眷顾。在微观世界中创造美、发现美，在平凡的书桌上开辟出一块绿色的天地，在单调的墙面上搭建出一幅自然的缩影，这也许是苔藓（包括苔藓微景观）越来越受到人们所欢迎的重要原因吧（图 2-123~ 图 2-132）。

图 2-123
时下非常流行的苔藓造景，对于很多设计师来说还非常陌生，但对于森之居而言，可是有着举足轻重的地位

图 2-124~ 图 2-126
　　各种表现形式下的苔藓微景观。悬挂样式的，墙面或顶面，都能成为苔藓艺术的载体

图 2-127~ 图 2-129
　　用景观设计的思路来营造这个微型世界，你会发现在这片方寸天地，构图、用色、材质等因素原来大有用武之地

图 2-130~ 图 2-132

苔藓景观绝对不是孤立存在的，它就像一件家中特殊的艺术品，是空间的一分子，为森之居贡献着独特的力量

拓展阅读（7）

——苔藓之微世界

🌿 不需要土的植物——空气凤梨

空气凤梨是一种不需要土壤的植物，也许正是这种神奇的特性，给了它在居室中极大的"可塑"空间。极好打理的种植方式也将给你一种维护植物的成就感。桌面的摆设、墙面的装置，单独摆放或与容器配合，任何你所能想到的创意，空气凤梨都能胜任（图2-133~图2-141）。

图2-133~图2-135
　　空气凤梨可以放在不同的容器内，并摆在房间的各个角落，如果愿意头饰也可以。当然，采光与通风良好的窗边才是最理想的位置

图 2-136、图 2-137
　　空气凤梨可以配合精致的容器单纯养殖，也可以契合空间主题，配上装饰品进行造景

图 2-138

　　非常素雅与明快的餐厅一角，但通过空气凤梨，自然感油然而生。如果换作是普通植物的话，一定会用到很多花盆，占据不少空间

图 2-139~ 图 2-141

居室中，各式容器衬托下的空气凤梨。若想要欣赏到植物最良好的状态还需经常打理

🐾 泉中舞动的精灵——水生植物

在自然界中，我们很喜欢在水边嬉戏，水是生命的源泉，也是一种灵动的象征。也因为如此，从水中长出的植物有一种灵秀之美、轻盈之美，与陆地上的植物相比更有一番精致感。而透过水族箱，水下的神秘世界被我们一览无遗，游动在水草间的鱼儿带给我们一种自由的愉悦，流连忘返，在这一刻，时间仿佛静止了。感谢水生植物为居室增添的这一分滋润的自然感（图2-142~图2-150）。

图2-142、图2-143
挺水植物精致的叶片和灵动的茎秆与陆生植物相比别有韵味，它那特殊植株造型也是不常见到的

图 2-144~图 2-146
通过苔藓或各类挺水植物制作的佗草。佗草是一种将植物种在基质球上的植栽方式，比较类似苔玉，半成景的造景方式十分高效。在水族领域，佗草已经非常流行，但对于普通人，它还很陌生

图 2-147~ 图 2-149
　　居室中的水族箱嫣然成为了空间绿色的焦点，尤其是在夜晚，就好似一颗通透的明珠

图 2-150

谈到水族箱，很多人会狭义地认为只能用来养鱼，但其实不然。当下水族造景十分流行，通过水草、沉木以及石块的搭配组合，创造出一片自然的景象。通过水族造景，将居室的自然感延伸到了水下

拓展阅读（8）

——居室中的水生世界

🌿 多汁饱满的宝贝——多肉植物

是什么如此眷恋着我们去养殖多肉植物？是造型怪异的植株？是便利的维护方式？还是多姿的色彩？也许每个人心中都有一个答案。不过在森之居中，多肉植物已经突破了植物学范畴，摇身一变成为了家中陈设的艺术品，还成为了空间的重要角色（图 2-151~ 图 2-157）。

图 2-151~ 图 2-153
　　多肉植物的形态丰富，颜色多变，当配合不同的栽种容器后，又产生了新颖的效果

图 2-154
　　窗台边不同种类的多肉植物。虽然植株形态各异，但大多都是绿色的，非常符合空间的色彩基调。各类花盆的颜色纯度控制恰到好处，小红陶盆又成为了点睛之笔

图 2-155~ 图 2-157
　　绿植为家增添了森林的气息，我们欣赏植物的同时也在欣赏生命的美，就好似图中生机勃勃的多肉。不过，即使是再好打理的植物，也需要我们精心呵护，这也许是我们在家中为自然做的一份贡献吧

第 3 章
"锦上添森"的自然世界

如果说大自然是一个大花园的话，那么我们的居室则是其中的一个小花园。在那里充满了各色植物，你可以欣赏到美好的景致，也可以悠坐在那里享受美好的时光。

愿每个人的都拥有这样一处自然花园，在此，让我们一起来打造你的秘密花园吧。

1. 淳朴至美的盛情邀请——玄关

图 3-1、图 3-2

两处灰色调的玄关。主人脑洞大开地用洒水壶作为存放钥匙的地方，麻制的地毯与盖毯，带来一种自然的触觉。大大小小的南瓜抱枕就好像采摘的收获，给人带来一种田间的回忆。绿色的植物和橙色的"南瓜"为空间增添了欢乐的色彩

玄关就好比花园的入口，它是阳光与温情的通道，是访客的必经处，也是一个领域的界定处。它带有着"花园"的特色，但又将尺度把握得恰到好处，它给人一种视觉上的暗示，以能产生期待的联想。

作为森系世界的入口，玄关通过布置焦点(自然元素)的设计方式，如陈设、器物、家具或场景，便可留给人们独特的印象（图 3-1~ 图 3-12）。

图 3-3
　　藤编制品与原木构建出的富有场景感的玄关。原木材质的表面保留了浓浓的时间的痕迹，不知是设计师刻意追求的，还是主人有意留下的

图 3-4（左图）

　　配有编织袋的玄关一角。只要稍加装饰，即使是一面白墙，也会完成自然的转型

图 3-5（右图）

　　贴有自然图案壁纸的玄关。大面积的棕榈叶壁纸创造了一面绿墙，原木的家具以及地板皆为自然材质，大大小小的陈设与植物又再一次强调了自然主题

图 3-6~ 图 3-8

几组带有自然元素的玄关场景。原木与麻布的家具呈现着自然的质朴，架子上的装饰品既有手作作品，又有自然主题装饰品

图 3-9

　　带有植物墙的居室入口。选用深墨绿色衬托植物的构想做法十分大胆，坐在沙发上的同时可以欣赏到室内与室外的植物

图 3-10（左上图）、图 3-11（左下图）

通过不植栽装饰的玄关。有的用插花的形式布置在墙上，有的则落在花盆里，原木的花盆与藤编的坐垫非常协调

图 3-12（右下图）

树叶壁纸作为背景的玄关。绿色的风衣与及收纳袋也许是摄影师为寻找色彩关系特意找来的

2. 相聚在缤纷的青翠世界——起居室、厨房、餐厅

🌿 起居室

起居室就如同花园的聚会广场，是一切事件发生的核心场地，承载着会客、娱乐以及外交的任务。它是整个花园的风貌核心，周边围绕着别致的"景观"，各种奇异的植物、家具以及小装置等都可规划在这里。

起居室是想象力最丰富的地方，各种创意都将在这里实现，但它们又共同遵循着一种规则（如色彩、材质），并形成一个完整的系统（图3-13~图3-28）。

图 3-13

带有原木地板的客厅一角。造型非常单纯的客厅，但几乎所有的装饰品都源于自然主题

图 3-14

自然壁纸衬托下的卧室。平面感十足的植物壁纸，为田园风格的家带来了设计的气息

图 3-15（左图）

起居室的沙发由植物图案面料制成，墙面原木饰的分割缝未加特别处理，茶几是利用旧箱子改造而来的，而置物架则是从温室搬来的

图 3-16（右图）

自然图案的壁纸，原木与藤质的材质，再配合植物，构成了一种经典的森系主题搭配方式

图 3-17

　　悬挂着的绿植成为空间的隔断，也成为视觉的焦点。顶部配有射灯，即使是晚上也能欣赏植物

图 3-18（左上图）

　　暴露式墙面做法的起居室。虽然工业风强烈，但自然感仍然通过表面做旧的家具、原木和植物的配合体现了出来，同时调和了酷酷的工业风

图 3-19（右上图）

　　运用金属网来悬挂植物也是个不错的选择，且自由度很高

图 3-20（左下图）

　　通过绿植、自然图案、藤编制品以及陈设等要素打造出的起居室，主题非常自然

图 3-21（左上图）

将植物吊在天花上是个有趣的方法，可以观察植物长长的茎秆。整个空间为非常敞亮的白色基调，因此植物的色彩非常醒目

图 3-22（右上图）

灰色搭配原木材质的起居室。入口采用了原木的谷仓门，顶面则保留了建筑的木质结构

图 3-23（右下图）

另一处白色基调的起居空间。明亮的色调突出了原木家具的主体位置。家具虽然由机器加工，但表面的木质纹理非常清晰

图 3-24（左图）

使人联想到天空的起居室。叶片的装饰画在空间中显得夺人眼球，蓝色、麻制面料的沙发带给人们天空的感觉。边几的表面是藤编的，几处藤制品有着色彩上的呼应

图 3-25（右图）

起居室一角。边几上的灯架采用了原木材质，几处铜色的金属显得与原木色十分和谐

图 3-26（上图）

狗狗"看护"下的起居室。起居室的茶几是利用回收的木料制作而成的，带有强烈的手作感，沙发上的毯子与地毯是麻制的。整个画面的色调非常温暖，就连狗狗的颜色也很入调，这就是色调的重要性

图 3-27（下图）

原木配合白色钢结构打造的起居室空间。室内设计运用了景观的手法，将户外的汀步与铺装引入了室内

图 3-28
　　房子的主人十分热爱自然，于是将采光中庭里种满了植物，整个家每天的活动便是以这个"植物园"展开的

拓展阅读（9）
——自然风之起居室

🍂 厨房、餐厅

如果说起居室是一个外聚场所，那么厨房与餐厅则是一个家庭内聚的场所，就如同花园中下午茶凉亭。在这里，一家人可以享受做饭与用餐的乐趣。

在厨房中，各种自然质感或图案的小面砖是个不错的材料，原木的家具也能很好地体现主题。如果餐厅与厨房是开放式的，设计风格可以与起居室统一，以使得空间在视觉上更完整（图3-29~图3-49）。

图3-29、图3-30

两组自然系主题的厨房一角。原木的案板以及推车上摆放着作为装饰的植物。整个色调是银灰色的，并没有使用那些奢华的材料

图 3-31（左图）

　　铺有灰色地砖的厨房。地砖淡淡隐含了植物图案，墙上的面砖是小块的，表面带有起伏。灰白的色彩基调同时又突出了那些点缀的木色和植物

图 3-32（右图）

　　自己动手，由原木枝条制成的厨房挂物杆

图 3-33

由树叶图案灯具映衬下的料理台。非常实用简洁的厨房，但隐含树叶图案的灯罩还是为空间增添了活泼的氛围与点缀的色彩

图 3-34

运用同一植物元素的厨房。如今，许多材质和产品的图案都是可以定制的。如画面中的厨房，面砖、餐具、面料几乎都来源于同一张素材图片

图 3-35（左上图）

这个厨房中虽然没有绿色，但森林气息还是通过原木传递了出来

图 3-36（右上图）

厨房里种上有机蔬菜也不错，既能拥有自然的色彩，也能享受自然的美味，何乐而不为呢

图 3-37（左下图）

将不锈钢台面替换成原木材质，可以弱化表面冰冷的感觉。木色的置物架与原木的家具腿形成了统一的材质系统

图 3-38~ 图 3-40
　　将餐厅装扮成一个小花园，
来一次丰盛的苔藓盛宴也不错

图 3-41
运用原木、藤制家具与灯具的餐厅。桌上的餐具选择了绿色系，地面则为深灰色的素水泥，以用来衬托自然主题

图3-42

　　非常注重陈设搭配餐厅。空
间中的元素与物品数量众多，但
通过搭配显得和谐统一。大部分
材质或色彩都出现了三次，形成
了稳定的关系，如藤编制品。浅
色的桌布提亮了灰色背景的明度

图 3-43~ 图 3-45

　　自然元素的装饰组合，也是一门摆放的艺术。要注意构图的高低变化、组织色调关系以及物体造型间的搭配关系等因素

图 3-46
　　绿灰色的墙面，配上黑钢和原木，以及自然主题的装饰品下的餐厅一角。卡座和餐桌可以定制，台面也可以选上清漆

图 3-47~ 图 3-49

几组黑钢配合原木的餐厅。原木调和了黑钢与家间冷漠的关系。大胆的你也可以尝试下这种原木与黑钢搭配的效果

拓展阅读（10）

——自然风之餐厅

3. 拥进自然的怀抱 ——卧室、工作室、书房

🌿卧室

相较其他空间，卧室私密得多，它就好比主人的私人玫瑰园，单纯但不单调。

在这处空间中，除了继续发挥色彩与材质的作用外，各类布艺制品成了空间主角，软垫、靠枕、窗帘成为了独特的景观。卧室中迷离的光效也是一个重要设计因素，它会带来意想不到的效果（图3-50~图3-60）。

图3-50
犹如小木屋一般的卧室空间，主体的颜色都提取自森林。床上用品大多是麻制的，立面造型与家具追求的是一种手作感

图 3-51（上图）

　　白色基调配上深色原木家具的卧室空间

图 3-52（下图）

　　卧室一角。你慢慢开始发现自然主题的规律了吗

图 3-53（左图）
　　用树干制作的床架

图 3-54（右图）
　　麻制、纱制面料为主体的卧室空间。床背板上选择了贝壳为自然元素的装饰品，整个画面有一种水边钓鱼小屋的感觉

图 3-55

　　蓝绿色调，海洋为主题的卧室空间。主要装饰元素是贝壳，蓝色的玻璃瓶就好像水中的泡泡。灯具里还装了海沙

图 3-56（左图）
平面化自然图案为背景的卧室空
间一角

图 3-57（右图）
绿色调非常明确的卧室一
角。白绿相间的被套为单纯的空
间添加了活泼感

图 3-58~ 图 3-60

当自然主题遇上儿童房，那又是另一番景色。在这里你可以看到蓝天与白云、小鸟与刺猬、秋千与帐篷，在这里，自然的事件正在发生

拓展阅读（11）
——自然风之卧室

🪨 工作室、书房

工作室就如同玻璃温室，坐在里面，悠闲地画着速写或浏览着读物，与此同时，台面上摆满了各色的植物 …… 这是一处放慢节奏的空间，是一处安逸空间，也是一处属于自我的冥想空间。

与其他空间相比，工作室、书房更强调艺术性，各种各样自然的陈设，将通过艺术性的方式充满整个空间，在这里，你将体会到摆放的艺术（图 3-61~ 图 3-68）。

图 3-61

主材为素水泥的工作室。自然元素被很有逻辑地放置在空间的交界处，绿色的家具与地毯显得格外醒目

图 3-62

暴露墙面的植物工作室。各具特色的植物容器成为了空间的亮点，有的是采购的成品，而有的则是手作的

图 3-63~ 图 3-65

　　为追求安静, 工作室或书房的自然装饰相对含蓄, 但各个单位却又通过很细致的摆法得到了呈现, 这也许是一种摆放的艺术

图 3-66~ 图 3-68

　　不同基调下的工作室。有的强调场景感，有的为表达材质的和谐搭配关系，而有的则是通过添加细节材质来体现自然主题

4. 淋浴在自然的玉露下 ——洗手间

洗手间属于水景边的一角，它是一处安静且私密的空间。

洗手间略带湿润的环境更适合摆放植物。与厨房一样，各色面砖再次成了为空间的主角，而自然系的材料，如原木或卵石也将延续自然的乐趣（图3-69~图3-77）。

图 3-69（左图）
    洗手间微微温湿的环境，提供那些喜湿植物一处理想的"居住"场所

图 3-70（右图）
    带有苔藓背景墙的浴室空间

图 3-71
　巨幅的植物写意画将洗手间装
扮的就犹如清晨的山间一样

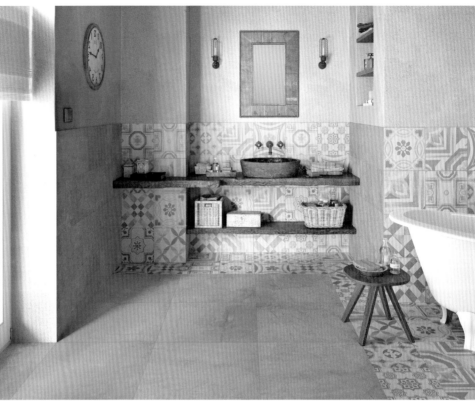

图 3-72（左上图）

　　在阳光照耀下，使用植物图案浴帘的洗手间一角

图 3-73（右上图）

　　花砖配合原木材质的洗手间

图 3-74（右下图）

　　贴有仿原木材面砖的洗手间。几株植物运用了现代形式的花盆，有一种雕塑感

图 3-75（左上图）
　　放满各种盆栽植物的洗手间

图 3-76（右下图）
　　经过特殊处理，木质材质也能使用在洗手间内

图 3-77（左下图）
　　苔藓墙面以及暴露红砖做法的洗手间

5. 流动于脚尖的触感 ——过渡空间

过渡空间（包含过道与楼梯）好比是花园的小径，它将各个场所串联了起来，小径上时不时出现的装饰物也为这条通道增添了别致的韵味。

过道是每个家几乎都存在的空间，对于这样一处交通要道，如果尺度有限，则不适合摆放大件的装饰，但可以通过壁纸、墙面或顶面陈设来装饰空间。但如果空间宽敞，就有可能陈列出装置艺术般的场景效果（图3-78~图3-89）。

图3-78、图3-79

过道空间功能比较开放，自然主题的设计与装饰往往可以做得更随性，轻松摆放的陈设便能产生不错的效果

图 3-80~ 图 3-83
材质、颜色、植物、装饰等设
计方法与元素都能应用在过道里

图 3-84~ 图 3-86

绿化墙配合楼梯，使得人们可以从更高的角度欣赏绿色。原木楼梯以及摆放在休闲平台上的植物，也是一种楼梯设计与装饰的方法

图 3-87~ 图 3-89
居室中不同位置的过道空间

拓展阅读（12）
——自然风之组合装饰

6. 光与草的细语 ——窗台、阳台

窗台和阳台就好比是一个种植园，由于受到阳光的眷顾，可以开启种种模式。

在窗台边或阳台上可以摆上软垫或可以坐的家具，与自然来一番亲密接触，毕竟在家中打造自然环境的目的是用来享受的（图3-90~ 图3-101）。

图 3-90、图 3-91

　　窗台往往是一些自然事件的发生场所，在那里，你就好像坐在公园的秋千上或长凳上，正进行着一次与自然的亲密接触

图 3-92~ 图 3-95
窗台边可以用自然材质装
饰，并摆放上座椅与植物

图 3-96、图 3-97

　　封闭式阳台就好像一个玻璃温室，可以在其中铺上"草坪"或摆上户外家具

图 3-98~ 图 3-100

户外阳台就是一处自然的乐园，在这里你完全可以开启"种种种"的模式，并享受着悠闲的下午茶时光

拓展阅读（13）
——自然风之阳台

图 3-101
　　自然系的家的设计灵感都来
自于自然，其实打造她并不难，
最重要的是一份热爱自然、关怀
自然的心

第 4 章
DIY 你的森系花园

1. 方寸之间的灵动——台面摆设

🍂 苔藓微景观瓶

图 4-1~ 图 4-3

瓶中不同的植物搭配，能呈现出不同风格的自然景观，搭配不同的容器加以呈现，会更为灵动有趣

苔藓微景观将自然景观微缩在这方寸的空间中，将苔藓微景观瓶捧于手中，能感受到来自大自然的绿色能量在这小小的瓶中迸发生长。近几年它逐渐成为家中常见的台面摆设，现在就自己动手来创造属于你的微缩景观世界吧（图 4-1~ 图 4-12 ）。

图 4-4
    苔藓景观瓶的造型及植物类型可根据个人喜好进行选择，打造出别具一格的瓶中景观

图 4-5~ 图 4-8

① 准备好制作微景观瓶的植物，基质土、火山石、装饰石头等；② 将大颗粒基质土至于瓶底铺满；③ 盖上赤玉土及泥炭土至底层大颗粒不可见为止；④ 用火山石堆放在土壤上，摆放好预先设好的构图，预留出种植空间

苔藓微景观瓶由苔藓植物和蕨类植物运用美学构图原理搭配组合在一起。

主要材料： 苔藓、蕨类植物（本书示范植物为大灰藓、白发藓、鸟巢蕨、珊瑚蕨、瓶子草）、基质土（本书示范使用赤玉土、泥炭土等）、火山石、小颗粒装饰石、沙铲、剪刀、镊子、喷壶等。

图 4-9~ 图 4-12

⑤ 将植物修剪至合适大小；⑥ 一颗一颗耐心的种植植物；⑦ 在火山石和植物的空隙间中上苔藓；⑧最后在部分点缀上一些装饰石增进瓶中氛围

关于维护：建议置于通风良好且避免阳光直射的空间中。家中窗台和灯光带来的散射光就能满足植物们的光照需求。要保持瓶底常有积水以此保持瓶中的湿度。一般每 3~4 天检查一次瓶底积水并喷水湿润植物的每个角落。

DIY 小贴士：DIY 的植物搭配可根据个人喜好自由选择。苔藓微景观瓶的难点在于构图，整体上注意植物的大小比例与疏密关系。初期配合生根液能促进植物发根。

DIY 制作难度：★★★★

拓展阅读（14）
——苔藓微景观

🌿 空气凤梨瓶

空气凤梨在国内的流行度还不高，但它却是一种神奇的植物，用它制作的小装置绝对可以用"新、奇、特"来形容，制作一个空气凤梨瓶，好好装饰你的家，当朋友看到它时一定会对你刮目相看（图4-13~ 图4-21）。

图4-13
简单的空气凤梨瓶一定会成为朋友羡慕的一道桌面风景

关于维护: 阳光不能直射, 但有明亮散射光的窗边。空气凤梨喜欢明亮的散射光, 它通过叶片上的鳞片吸收水分, 每天晚上通过喷壶给叶片喷水 (注意不要喷到叶心), 将肥料放在水中, 随喷随施。

图 4-14
　　不同的空气凤梨可选择
不同颜色的小石子进行搭配

DIY 空气凤梨瓶，巧用玻璃瓶作为种植盒，将植物打造的"美景"摆在身边。

主要材料：空气凤梨，玻璃容器，干水苔，小石子。

图 4-15~ 图 4-20

　　① 准备好制作素材，干水苔和小石子可选不同的颜色；② 在容器底部先放一层细石子，再放粗石子；③ 摆放植物，并点缀干水苔；④ 尝试用不同的植物和容器造景；⑤定期为植物喷洒营养水

图 4-21
可选择各种带开口的玻璃瓶
创造出更多有趣的观赏瓶

DIY 小贴士：空气凤梨不能直接种在土里，所以做的时候要放在基质上，建议直接摆放在基质上而不是种在基质里，空气凤梨瓶的容器选择多样，摆放的时候注意构图即可。

DIY 制作难度：★★

拓展阅读（15）
——瓶中精灵

2. 挂起来的绿意——墙面装饰

🍃 圆形植物挂框

图 4-22
利用旧时钟改造后的圆形植物挂框，有一种出乎意料的植物画框效果

墙面犹如一面竖立的画卷，悬挂着来自家的温馨。在竖向空间上有很多可利用改造的物品，例如时钟就是一个普遍又具有创造力的绿植改造素材，让墙面多增添一抹绿意（图 4-22~ 图 4-26 ）。

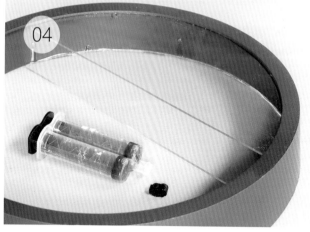

主要材料：圆形挂钟，透明塑料片，植物。

关于维护：通过透明塑料板可以观察到植物根须生长的过程，也能随时根据土壤干湿情况及时给植物补充水分和养分。

DIY 小贴士：由于时钟框的厚度不大，种植槽较小，浇水时需掌握量少勤浇的规律。

DIY 制作难度：★★

图 4-23~图 4-26

① 准备好挂钟、透明塑料板和植物；② 将钟面和机芯取出，留下环形框，在透明塑料板上按照环形框的内径画半圆（注意要画两个制成双面挡板）；③ 为环形框上喜爱的颜色；④ 将切割好的 2 块挡板用胶水固定至圆框内，最后在挡板槽内种上喜爱的植物即可

🍂 空气凤梨原木挂件

原木能为家带来的自然温暖的气息，利用原木块和皮绳的简单组合就可以制作出有趣的森系植物墙面挂饰。原木色的色调与任何植物搭配都会显得相得益彰，给人一种"原味的自然"（图4-27~图4-36）。

图4-27
  原木与植物的搭配，能够创造出非常自然清新的感觉

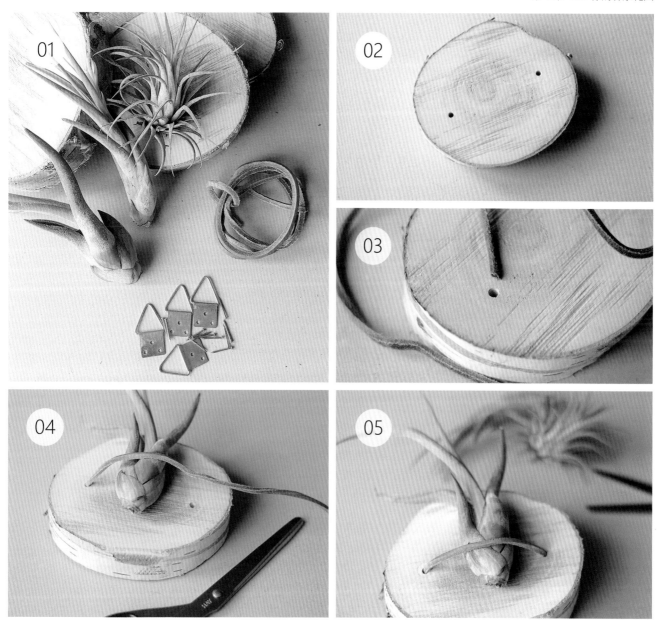

DIY 空气凤梨原木挂件的制作相对简单，只需一个木片和皮绳就可以制作完成。

主要材料：空气凤梨植物，原木片，皮绳，简易金属墙面挂钩。

图 4-28~ 图 4-32
① 准备原木片、植物、皮绳及挂钩；② 在原木片上钻两个小孔；③将皮绳穿过小孔；④ 把植物放置在原木片上；⑤将植物绑在木片上

图 4-33~ 图 4-35
⑥皮绳在木片反面打结固定；
⑦将挂钩固定在木片反面；⑧调整
好植物的位置

图 4-36
可根据植物的体型选择不同
大小及不同木纹方向的原木片

关于维护： 放在光线较好的窗边墙面。每日光照 4~6 小时的光照最佳，每日喷水一次，每月施肥一次，避免植物内部积水。

DIY 小贴士： 皮绳绑带不宜绑的过紧，固定时应避免损伤植物。

DIY 制作难度： ★ ★

拓展阅读（16）
——空气凤梨挂饰

3. 长在家中的灵草——梯面装置

🍃 梯面花廊

大地本身就是植物生长的孕育之地，可是在家中植物能够接触大地的机会就比较少，除了传统的盆栽将植物请进室内外，还可以利用种植绵任意地在地面甚至是立体的梯面上构建出更多有创意的绿植装置（图4-37~ 图4-47）。

图4-37、图4-38
利用家中楼梯的单侧空间，可以打造出别出心裁的梯面艺术

如果你家中正好有一个楼梯，利用育苗块将梯面打造成别具一格的梯面花廊。

主要材料：植物，育苗块。

图 4-39~ 图 4-42
　① 准备育苗块；② 植物分好类待用；③ 在台阶上放置种植棉；④ 选好基层植物插入育苗块中

图 4-43~ 图 4-46

⑤插植物的同时修建乱枝，对植物进行修建塑形；⑥将植物从楼梯栏杆内侧播向外侧；⑦插上花朵作为点缀；⑧最后调整修建成型

图 4-47
在家中上下楼都变得如此绿意盎然

关于维护：3 天给种植棉补充一次水分，室内保持通风，避免过于潮湿导致种植棉水分过多而生菌。

DIY 小贴士：梯面一般光线较暗，在植物选择上应尽量选择耐阴型的植物。

DIY 制作难度：★★★★

4. 空中的绿色旋律——垂吊艺术

🪵 木框吊篮

阳光洒进房间，窗边垂吊的植物透露出温婉惬意的气息，可以看出主人追求浪漫的生活情调。垂吊在也是家中常见的种植方式，同时也是充分利用空间的秘密所在（图4-48~图4-61）。

图4-48、图4-49
简单的悬空绿植摆放，就可以成为家中的一道靓丽风景

当家中的空间有限，可以利用木块和麻绳自制"木框吊篮"将盆栽有序地吊起。

主要材料：带盆栽的植物，木块，麻绳。

图 4-50、图 4-51
悬空种植，省空间的同时也便于打理

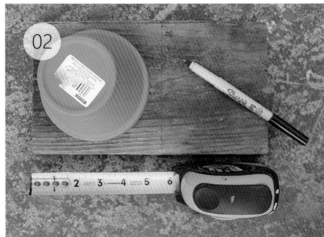

图 4-52~ 图 4-57

　　① 准备好制作工具，主要是模板和绳子；② 在木板上勾勒出盆的大小；③ 将木板上的勾勒线缩小一圈作为切割线；④、⑤ 根据切割线将木块挖出一个圆形洞；⑥木块四周钻孔

关于维护: 放在靠近窗边有阳光直射的地方最佳,定期检查绳结是否有松动,植物每 3 天浇一次水,每次浇透。

DIY 小贴士: 量取盆栽高度的目的是为了确保植物与植物之间的生长距离,也以此确定绳结与绳结之间的距离,以最佳的间距固定木块。

DIY 制作难度: ★ ★ ★ ★

图 4-58~ 图 4-61

⑦根据上述方法再做几块备用;⑧将绳子图上喜欢的颜色;⑨量取盆栽的高度;⑩用绳子穿过木块四周小孔,根据盆栽高度打结固定木块上下间的距离,最后套上盆栽即可

🍃 皮网吊篮

悬挂于空中的绿色在微风轻抚中轻轻摇曳，犹如空中的绿色旋律。悬挂的方式有很多，利用身边的旧皮革，亲自动手，做一个悬挂皮网是多么美妙的事，原理简单易操作（图4-62~图4-69）。

图4-62~图4-64

　皮网制作的吊篮有一种简单而轻质的美。① 准备好制作工具，在硫酸纸上画好圆形网纹；② 在皮革上用清水打湿

DIY皮网吊篮采用网状可拉伸的原理，将盆栽兜住悬挂在空中。

主要材料：植物盆栽，皮革，皮绳。

DIY小贴士：皮革容易受潮，可为皮网上色的同时涂上防水层增加使用寿命。

DIY制作难度：★★★

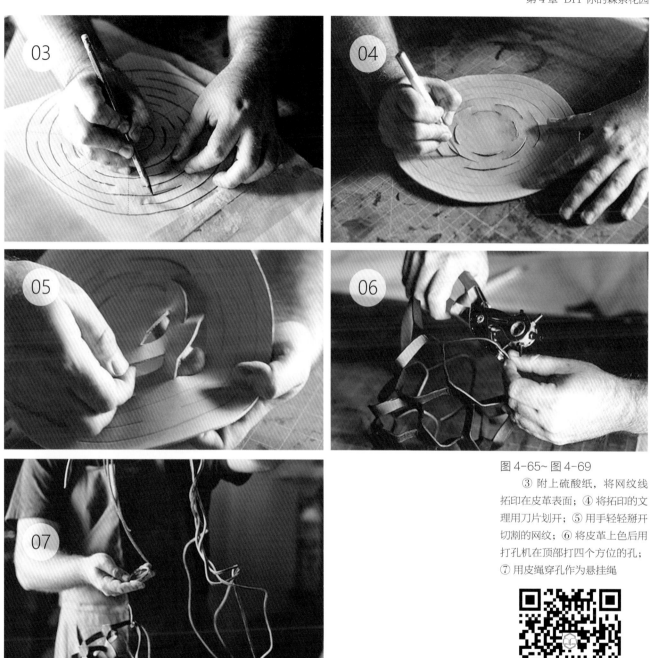

图 4-65~ 图 4-69

③ 附上硫酸纸，将网纹线拓印在皮革表面；④ 将拓印的文理用刀片划开；⑤ 用手轻轻掰开切割的网纹；⑥ 将皮革上色后用打孔机在顶部打四个方位的孔；⑦ 用皮绳穿孔作为悬挂绳

拓展阅读（17）
——织物吊篮

5. 留住自然的秘籍——森系 DIY 欣赏

家是心灵的港湾，家中的绿色给生活带来生活琐碎之外的宁静与和谐，自然之物会使我们放松，每一个亲手做的 DIY 物件总是充满了暖暖的回忆（图 4-70~ 图 4-100）。

图 4-70

　藤编的篮子透露着柔和的质感，使家也变得柔软起来

图 4-71

　　不同的编织手法能够勾勒出
不同款式的吊篮之美，会编织的
女主人总能利用自己的巧手，在
空中变换出不一样的绿色意境

图 4-72
　用绿色填满废弃的闲置空间，使旧橱斩获新生，有了新的使命

图 4-73~ 图 4-75

　　在盆栽中巧妙加入灯光元素，使夜晚也能将植物作为氛围的主角。有时候善于用光点缀，也是一种不错的尝试，星星点点的灯光点亮了生活的暖

图 4-76~ 图 4-78

　　墙上、窗边、阳台的每一寸角落，都洋溢着主人对于美好生活的探索。巧用支架摆放散乱的盆栽，干净且整洁

图 4-79
　　充分利用室内的每一个角落，将旧物改造成为新绿色天地，有时候，愿意腾出一段时间来打理属于自己的角落，也是一件十分惬意的事

图 4-80
　　现代感极强的边桌与下垂的
绿萝组合，简约时尚中透露着生
机。藤蔓软化了金属的冰冷，静
静地演绎着客厅的绿色时尚

图 4-81~ 图 4-84

将植物用绿铁丝捆绑在金属环上悬吊与空中，亲手做的绿植花环跃于餐桌之上，沉浸在绿色中享受一日三餐，食之健康有味

图 4-85~ 图 4-87

　　将闲置木盒去掉顶盖直接钉在墙上即可变为存放植物的空间，简单的木框将绿色框于其中

图 4-88~ 图 4-91

　　每一寸墙面都可以焕发不一样的绿色魅力，一个盒子、一根木条、几根细丝就可以打造出丰富多彩的墙面艺术

图 4-92~ 图 4-95

　　阳光透过玻璃，照醒了玻璃
铁架中的绿色精灵，享受一个慵
懒舒适的午后

图 4-96~ 图 4-99
　　家是一个能彻底放松的地方，用墙面等空间创造垂直绿植，触摸垂叶尖瞬间将疲惫轻轻从指尖吸走

图 4-100
　　家的每一个角落都可以作为
创作的绿色空间

　　生活本不缺美，缺少的是用创意来点亮家中触手可及的各种空间的智慧。喜爱自己动手的一定是个热爱生活的人。我们要多感受多思考，在创意 DIY 的过程中领悟绿色给家带来的自然本源。

第 5 章
森系草木笔记

图 5-1
用体积较大的植物能填补大
而空的大空间

1. 分享给读者

关于森系家居设计的 **17** 个关键词

（1）色彩：从自然中提炼的色彩以及和谐的基调。

（2）材质：天然的、保留天然表面的材料；人工的但具有天然质感的材料。

（3）形式：原生态的、不过多包含人工干预的造型。

（4）手作：每个空间中至少包含一件自然元素的手工制作物品。

（5）植物：森系居室的重要元素之一。

（6）完整：将众多自然元素统一在一起。

（7）灵魂：热爱自然、关怀自然的心。

（8）焦点：少就是多的装饰要领。

（9）松动：不求满铺装饰。

（10）时间：材质用的越久越自然；用时间经营家。

（11）意境：通过光效的幽暗感创造自然氛围。

（12）单纯：除去不必要的装饰，突出主体。

（13）想象：运用自然元素需要脑洞大开。

（14）事件：在家里还原在自然中发生的事件（如种花，坐在草地上）。

（15）匠人：用持之以恒的精神，投入到自然元素的 DIY 乐趣中。

（16）触感：将自然的感受延续到体表接触上，突破视觉的局限。

（17）摆放：通过构图艺术对物件进行搭配以及摆放。

2. 我们最喜欢的事

🌿 自然系之家主人喜欢干的事，如何享受自然风格的家

本书的两位作者一位是景观设计师另一位是建筑师，都十分热爱大自然。在工作的闲暇之余，他们还开创了自己的独立植物品牌——森之窝（The New Creative Garden），教授大家微景观（苔藓）的制作，以及如何用植物来装饰自己的家。在产品的研究过程中，还将植物与饰品结合，以传递"森林离我们太远，那就戴在身上"的理念。森之窝将自然森系家居追求自然、崇尚自然的生活态度带入到绿植产品中，使更多热爱自然的人一起享受森系家居带来的自然本源之乐（图5-2）。

图 5-2
自制森系桌面摆设——苔藓
景观瓶

图 5-3~ 图 5-6
　　自制微景观森系家居产品，
苔藓球、微景观造景及森系饰品

3. 疑问与答疑

图 5-7
　　简单的花瓶搭配绿植，马上
能使空间生动起来

（1）Q：家里已经装修了好几年，如何通过很小的改造创造自然系的风格？

A：陈设与布艺是个不错的选择。用自然系色彩或图案的大块织物将原始的表面，

如桌面、沙发盖上，再配以自然主题的装饰品。

（2）Q：室内绿植能增加森林的感觉，但为什么我越放越乱？

A：选择植物就好比户外的景观设计，也需要遵循比例、色彩以及与空间的协调

度等要领。建议初期可选择同一种植物下的不同分类（如绿萝分为青叶绿萝、

黄叶绿萝、花叶绿萝、银葛、金葛、三色葛等），这样好搭配，空间效果也比较整体。

（3）Q：种类众多的自然系材料与装饰品，搭配起来有什么技巧？

A：搭配的技巧有很多，比如造型、质感、比例，但有一个技巧很重要，那就是

色彩关系。从色彩关系入手，寻找具有共有色的元素进行搭配，有了色调后，

各个单位的关系就比较和谐了。

（4）Q：和自然有关的陈设该如何布置？

A：陈设布置量不求面面俱到，选择空间的交叉处或端景位布置就可以了。如果

是大件的可以就摆上一件作为空间主体，如果是小件的可以摆上一个系列，形

成组团。

图 5-8

　　遵循色调合一，局部点缀手法，能够打造出干净整洁的效果

（5）Q：我遵循了色彩搭配方式组织了绿色的房间色调，为什么看上去平平的？

A：可能是颜色的明度出了问题，试试换几件深色或浅色的物体试试。灯光也很重要，点式光源更能突出视觉焦点。

（6）Q：有一种植物，叫"别人家的植物"，为什么别人家的植物可以养得很好，家里会显得很自然，而我的植物没多久就死了？

A：植物和人一样需要阳光、空气、水分，还有温度、营养等要素也十分重要，植物需要经常维护才能保持良好的状态。懒人植物只是一个营销用语罢了。

（7）Q：除了常见的居室植物，还有什么比较新奇的植物可以点缀空间呢？

A：多肉，特别是苔藓、空气凤梨、水生植物。普通家庭甚至是室内设计师对它们的了解度都还有限，即使是有，也仅仅作为养殖来定义。但是它们摆放出来后会有意想不到的效果。需要提前在居室中留出展示位置，从空间的角度来进行摆放。

（8）Q：旅游时我捡了不少小段的原木，可以怎么利用？

A：可以做一个原木相框。找一个现成的宽边相框，用木胶（如果没有，可以用环氧树脂热熔胶）将原木粘到框上去就可以了。如果读者感兴趣，也可以捡些小树枝自己制作。

（9）Q: 画册上的自然图案抱枕都很美，可我在周围的市场里买不到，怎么办？

A: 只要提供图案，抱枕套（包括壁纸）都是可以定制的。

图 5-9

无需繁复的装饰，根据空间功能制定色调与主题

（10）Q: 如果从零开始，作者对打造自然风格有什么好的建议？

A: 如果追求个性的话，可以定一个主题（以及它发生的时间），如晨雾下的水湾、午间林中的小屋等。所有的设计构想、颜色和材质以及其他要素都可以从这个原点出发，进行发散思维。如果追求实用的话，还是应从家的基本功能出发，只需选择符合自然基调的色彩、材质以及陈设就可以了。

（11）Q: 如何通过灯光营造出自然的感觉？

A: 可以通过光影效果来表达这种感觉。选择带有镂空（自然图案）灯罩的灯具，当光源开启时，光线会透过这些镂空，效果就犹如树叶的光斑。

（12）Q: 打造森系主题的方法有很多，我该如何运用？

A: 其实只需要选择几种方法就可以了，如把原木材料用到极致或色彩搭配色调感十足。设计不是不加取舍的堆砌，毕竟少就是多。

（13）Q: 关于森系家居设计，作者对读者还有什么好的建议？

A: 对于森系家居，关键是需要主人对自然发自内心的热爱，而不是追求表面的形式。家是一个需要用时间和精力去经营的场所，其实很多自然陈设品都可以 DIY，不一定要买成品。这种自己动手创造"自然"与设计的过程，才是本书想传递给大家的。

参考文献

[1] 伊恩·伦诺克斯·麦克哈格.设计结合自然.黄经纬译.天津：天津大学出版社，2006.

[2] 李英善.梦想庭院——组合盆栽DIY.成月香，李凤玉译.武汉：湖北科学技术出版社，2010.

[3] 丹尼斯.绿色室内设计.尹弢译.济南：山东画报出版社，2012

[4] 韦尔勒等.植物设计.齐勇新译.北京：中国建筑工业出版社，2011.

[5] AQUALIFE编辑部.观赏水草养殖轻松入门.王君译.北京：中国轻工业出版社，2008.

[6] 主妇之友社编.图解水培花菜栽培.金莲花，孙美花译.长春：吉林科学技术出版社，2009.

[7] 日本学研社.时尚花草，香草生活.徐茜译.北京：电子工业出版社，2012.